Mina Kumari

A arte e a ciência da análise de dados

Mina Kumari

A arte e a ciência da análise de dados

ScienciaScripts

Imprint

Any brand names and product names mentioned in this book are subject to trademark, brand or patent protection and are trademarks or registered trademarks of their respective holders. The use of brand names, product names, common names, trade names, product descriptions etc. even without a particular marking in this work is in no way to be construed to mean that such names may be regarded as unrestricted in respect of trademark and brand protection legislation and could thus be used by anyone.

Cover image: www.ingimage.com

This book is a translation from the original published under ISBN 978-620-7-80723-9.

Publisher:
Sciencia Scripts
is a trademark of
Dodo Books Indian Ocean Ltd. and OmniScriptum S.R.L publishing group

120 High Road, East Finchley, London, N2 9ED, United Kingdom
Str. Armeneasca 28/1, office 1, Chisinau MD-2012, Republic of Moldova, Europe
Printed at: see last page
ISBN: 978-620-8-02443-7

Prefácio

Na era digital, os dados são omnipresentes. Desde os dispositivos pessoais às enormes bases de dados das empresas, estamos constantemente a gerar e a consumir dados. No entanto, o verdadeiro desafio não está na acumulação de dados, mas na sua interpretação e aplicação. Este livro mergulha no intrincado mundo da análise de dados, misturando a arte da interpretação com a rigorosa ciência dos métodos estatísticos. Quer se trate de um analista experiente ou de um recém-chegado a esta área, este livro tem como objetivo equipá-lo com os conhecimentos e as competências necessárias para aproveitar o poder dos dados de forma eficaz.

Cordiais cumprimentos, Dra. Mina Kumari

Índice

Capítulo 1: Introdução à análise de dados

Compreender o papel dos dados na tomada de decisões

No mundo interligado de hoje, os dados são um ativo fundamental para empresas, governos, investigadores e indivíduos. Desempenham um papel fundamental na tomada de decisões em vários domínios, desde o planeamento estratégico das empresas à formulação de políticas públicas e à gestão da saúde pessoal. Compreender a forma como os dados influenciam os processos de tomada de decisão é essencial para qualquer pessoa que embarque numa viagem ao domínio da análise de dados.

A importância das decisões baseadas em dados

A tomada de decisões baseada em dados refere-se à prática de basear as decisões em provas empíricas e análises estatísticas e não apenas na intuição ou na experiência anedótica. Esta abordagem oferece várias vantagens:

1. **Exatidão e objetividade**: Os dados fornecem uma base objetiva para a tomada de decisões, reduzindo os preconceitos que podem surgir de opiniões pessoais ou de informações incompletas.

2. **Percepções preditivas**: A análise de dados históricos permite a identificação de padrões e tendências, permitindo às organizações antecipar desenvolvimentos futuros e tomar decisões proactivas.

3. **Otimização**: Ao analisar os dados, as organizações podem otimizar os processos, atribuir recursos de forma eficiente e melhorar o desempenho geral.

4. **Gestão de riscos**: A análise de dados ajuda a identificar riscos e oportunidades, permitindo que as organizações reduzam os riscos de forma eficaz e capitalizem as oportunidades.

Componentes da tomada de decisões baseada em dados

Uma tomada de decisão eficaz baseada em dados envolve vários componentes-chave:

1. **Recolha de dados**: Recolha de dados relevantes de várias fontes, garantindo a sua

exatidão, integridade e relevância para o processo de tomada de decisão.

2. **Limpeza e preparação de dados**: Preparar os dados para análise, tratando os valores em falta, os valores anómalos e assegurando a qualidade dos dados.

3. **Análise Exploratória de Dados (AED)**: Explorar e visualizar dados para compreender a sua estrutura subjacente, identificar padrões e gerar hipóteses.

4. **Análise estatística**: Aplicação de métodos estatísticos para testar hipóteses, estabelecer correlações e obter informações significativas a partir dos dados.

5. **Interpretação e comunicação**: Interpretar os resultados analíticos no contexto do problema ou da questão em causa e comunicar eficazmente os conhecimentos às partes interessadas.

Desafios na tomada de decisões com base em dados

Embora a tomada de decisões com base em dados ofereça inúmeras vantagens, também apresenta desafios que devem ser enfrentados:

1. **Qualidade dos dados**: Garantir a exatidão, a exaustividade e a fiabilidade dos dados é crucial para tomar decisões informadas.

2. **Complexidade**: A análise de grandes volumes de dados requer ferramentas e técnicas sofisticadas, bem como analistas qualificados capazes de interpretar os resultados com exatidão.

3. **Considerações éticas**: O tratamento ético dos dados sensíveis e a garantia da proteção da privacidade são preocupações fundamentais na tomada de decisões baseada em dados.

4. **Integração com os processos de tomada de decisão**: Colmatar a lacuna entre a análise de dados e os processos de tomada de decisão para garantir que os conhecimentos são acionáveis e conduzem a resultados tangíveis.

Conclusão

Compreender o papel dos dados na tomada de decisões é o primeiro passo para se tornar um analista de dados competente. Ao reconhecerem o valor das abordagens baseadas em dados e ao dominarem as técnicas de análise de dados, os indivíduos e as organizações podem tirar partido dos dados para obter vantagens competitivas, impulsionar a inovação e alcançar um crescimento sustentável. Este capítulo prepara o terreno para explorar as metodologias e técnicas subjacentes a uma análise de dados eficaz, abrindo caminho para conhecimentos mais profundos sobre a arte e a ciência da análise de dados.

Visão geral do processo de análise de dados

A análise de dados é um processo sistemático de inspeção, limpeza, transformação e modelação de dados com o objetivo de descobrir informações úteis, fundamentar conclusões e apoiar a tomada de decisões. Este processo é crucial em várias disciplinas, incluindo negócios, ciência, cuidados de saúde e administração pública, onde as informações baseadas em dados impulsionam a estratégia e a inovação. Segue-se uma visão geral pormenorizada das principais fases envolvidas no processo de análise de dados:

1. Definir o problema e os objectivos

Antes de mergulhar na análise de dados, é essencial definir claramente o problema ou a questão que pretende abordar e estabelecer os objectivos da sua análise. Este passo garante que os seus esforços estão concentrados e alinhados com os resultados desejados.

2. Recolha de dados

Uma vez definido o problema, o passo seguinte consiste em recolher dados relevantes. Os dados podem provir de várias fontes, como bases de dados, inquéritos, sensores, plataformas de redes sociais ou repositórios públicos. É importante garantir que os dados recolhidos são exactos, abrangentes e representativos do domínio do problema.

3. Limpeza e preparação de dados

Os dados em bruto contêm frequentemente erros, inconsistências, valores em falta e valores atípicos que podem afetar a qualidade e a fiabilidade dos resultados da análise. A limpeza de dados envolve:

- **Tratamento de dados em falta**: Imputar valores em falta ou decidir como os tratar adequadamente.

- **Remoção de registos duplicados**: Identificar e remover registos duplicados, se necessário.

- **Normalização de formatos**: Garantir a consistência dos formatos e unidades de dados.

- **Tratamento de valores atípicos**: Avaliar e tratar os valores anómalos que podem distorcer os resultados da análise.

4. Análise Exploratória de Dados (AED)

A EDA é uma fase crítica em que os analistas examinam os dados utilizando gráficos estatísticos e outras técnicas de visualização de dados para:

- **Identificar padrões**: Descobrir padrões, tendências e relações nos dados.

- **Compreender a distribuição dos dados**: Avaliar a distribuição das variáveis e as suas estatísticas descritivas.

- **Detetar anomalias**: Detetar anomalias ou observações invulgares que possam exigir uma investigação mais aprofundada.

A EDA ajuda os analistas a formular hipóteses e a aperfeiçoar a sua compreensão dos dados antes de procederem a testes estatísticos mais formais.

5. Análise e modelação de dados

Depois de os dados serem preparados e explorados, os analistas aplicam várias técnicas estatísticas e de aprendizagem automática para:

- **Testar hipóteses**: Utilizar testes estatísticos para validar hipóteses derivadas da AED.

- **Criar modelos preditivos**: Desenvolver modelos para efetuar previsões ou classificações com base em dados históricos.

- **Efetuar a análise de clusters**: Identificar grupos ou clusters nos dados com base em semelhanças.

A escolha das técnicas de análise e de modelização depende da natureza dos dados e dos objectivos específicos da análise.

6. Interpretação dos resultados

Depois de efetuar a análise e a modelação, o passo seguinte consiste em interpretar os resultados no contexto do problema ou da questão original. Isto envolve:

- **Tirar conclusões**: Obtenção de conhecimentos e conclusões significativos a partir dos resultados da análise.

- **Fazer recomendações**: Fornecer recomendações acionáveis com base nos resultados.

- **Consideração das limitações**: Reconhecer quaisquer limitações ou incertezas no processo de análise ou nos dados.

7. Visualização e apresentação

A comunicação eficaz dos resultados é crucial para que as partes interessadas compreendam e actuem com base nas informações obtidas a partir da análise de dados. As técnicas de visualização, como quadros, gráficos e painéis de controlo, ajudam:

- **Destacar as principais conclusões**: Realce as ideias e tendências importantes.

- **Contar uma história**: Construir uma narrativa que explique os dados e as suas implicações.

- **Facilitar a tomada de decisões**: Ajudar as partes interessadas a tomar decisões informadas com base em informações baseadas em dados.

8. Iteração e refinamento

A análise de dados é frequentemente um processo iterativo em que os analistas podem rever passos anteriores, aperfeiçoar metodologias ou explorar fontes de dados adicionais para melhorar a exatidão e a relevância dos conhecimentos. A iteração contínua ajuda a garantir que a análise permanece robusta e alinhada com a evolução das necessidades comerciais ou de investigação.

Conclusão

O processo de análise de dados é dinâmico e multifacetado, exigindo uma combinação de competências técnicas, conhecimento do domínio e pensamento crítico. Seguindo uma abordagem estruturada, desde a definição do problema até à interpretação e apresentação dos resultados, os analistas podem descobrir informações valiosas que impulsionam a inovação, optimizam as operações e informam a tomada de decisões estratégicas em diversos sectores e disciplinas.

Importância da qualidade e integridade dos dados

A qualidade e a integridade dos dados são aspectos fundamentais de uma análise de dados eficaz. Garantir que os dados são exactos, fiáveis, consistentes e relevantes é essencial para produzir conhecimentos significativos e tomar decisões informadas. Este tópico explora a razão pela qual a qualidade e a integridade dos dados são cruciais no contexto da análise de dados:

1. Exatidão

A exatidão dos dados refere-se à correção e à precisão dos dados. Dados inexactos podem levar a conclusões e decisões erradas. Garantir a exatidão dos dados implica

- **Validação**: Verificação dos dados em relação a fontes conhecidas ou a parâmetros de referência para detetar erros.

- **Controlos de entrada de dados**: Implementação de controlos para minimizar os erros durante os processos de introdução de dados.

- **Auditorias regulares**: Realização de auditorias periódicas para manter a exatidão dos dados ao longo do tempo.

2. Fiabilidade

A fiabilidade diz respeito à consistência e reprodutibilidade dos dados. Pode confiar-se que os dados fiáveis produzirão resultados consistentes em condições semelhantes. Os factores que contribuem para a fiabilidade dos dados incluem:

- **Métodos de recolha consistentes**: Utilização de procedimentos normalizados para a recolha de dados para minimizar a variabilidade.

- **Consistência de dados**: Assegurar que os dados são consistentes entre diferentes fontes ou períodos de tempo.

- **Processos de garantia de qualidade**: Implementação de medidas de garantia de qualidade para validar a fiabilidade dos dados.

3. Consistência

A consistência refere-se à coerência e uniformidade dos dados. Formatos de dados, unidades ou definições inconsistentes podem complicar a análise e a interpretação. A obtenção da consistência dos dados envolve:

- **Normalização**: Utilização de formatos, unidades e terminologia normalizados para a recolha e armazenamento de dados.

- **Integração de dados**: Integração de dados de várias fontes para manter a consistência entre conjuntos de dados.

- **Governação de dados**: Estabelecimento de políticas e procedimentos para garantir a coerência das práticas de gestão de dados.

4. Relevância

A relevância dos dados refere-se à importância e aplicabilidade dos dados ao problema ou questão em causa. Os dados irrelevantes podem obscurecer as informações significativas e desperdiçar recursos. Garantir a relevância dos dados envolve:

- **Alinhamento com os objectivos**: Recolha de dados que abordem diretamente o problema definido ou os objectivos da análise.

- **Compreensão contextual**: Considerar o contexto em que os dados foram recolhidos para avaliar a sua relevância.

- **Filtragem e seleção**: Filtragem de pontos de dados ou variáveis irrelevantes durante o processo de limpeza de dados.

5. Importância da integridade dos dados

A integridade dos dados garante que estes permanecem exactos, coerentes e fiáveis durante todo o seu ciclo de vida. A manutenção da integridade dos dados envolve:

- **Segurança dos dados**: Implementação de medidas para proteger os dados contra acesso, modificação ou corrupção não autorizados.

- **Controlo de versões**: Acompanhamento das alterações aos dados para garantir a responsabilidade e a rastreabilidade.
- **Validação de dados**: Aplicação de regras de validação e restrições para evitar erros e manter a integridade dos dados.

Benefícios dos dados de alta qualidade

- **Melhor tomada de decisões**: dados de alta qualidade permitem a tomada de decisões informadas e baseadas em provas, conduzindo a melhores resultados e a riscos reduzidos.

- **Eficiência operacional**: Dados fiáveis apoiam operações eficientes, minimizando erros, atrasos e retrabalho.

- **Satisfação do cliente**: Dados exactos e consistentes aumentam a satisfação do cliente, permitindo serviços personalizados e transacções fiáveis.

- **Conformidade e gestão de riscos**: Garantir a integridade e a qualidade dos dados ajuda as organizações a cumprir os requisitos regulamentares e a gerir eficazmente os riscos operacionais.

Conclusão

A qualidade e a integridade dos dados são fundamentais para libertar todo o potencial da análise de dados. Ao dar prioridade à exatidão, fiabilidade, consistência e relevância ao longo do ciclo de vida dos dados, as organizações podem obter informações significativas que impulsionam a inovação, aumentam a competitividade e promovem o crescimento sustentável. Investir em práticas de gestão da qualidade dos dados e adotar estruturas robustas de governação de dados são passos essenciais para aproveitar o poder dos dados como um ativo estratégico na era digital.

Capítulo 2: Análise exploratória de dados

Técnicas de exploração e visualização de dados

A Análise Exploratória de Dados (AED) é uma fase crucial do processo de análise de dados em que os analistas examinam e resumem as principais caraterísticas de um conjunto de dados, utilizando frequentemente métodos gráficos e estatísticos. O objetivo da AED é obter informações sobre os dados, identificar padrões, detetar anomalias e formular hipóteses que possam orientar uma investigação mais aprofundada. Este capítulo explora várias técnicas e ferramentas utilizadas na AED:

1. Análise univariada

A análise univariada centra-se no exame da distribuição e das caraterísticas de uma única variável de cada vez. As técnicas mais comuns incluem:

- **Histogramas**: Apresentação da distribuição de frequências de dados numéricos.

- **Gráficos de caixa**: Resumir a distribuição e identificar valores atípicos.

- **Gráficos de barras**: Visualizar dados categóricos e as suas frequências.

- **Estatísticas de resumo**: Cálculo de medidas como a média, a mediana, a moda, a variância e a assimetria.

Estas técnicas fornecem informações iniciais sobre a tendência central, a dispersão e a forma dos dados.

2. Análise bivariada

A análise bivariada explora a relação entre duas variáveis em simultâneo. As técnicas incluem:

- **Gráficos de dispersão**: Visualizar a relação e a correlação entre duas variáveis numéricas.

- **Gráficos de barras empilhadas**: Comparação da distribuição de variáveis categóricas em diferentes grupos.

- **Análise de correlação**: Cálculo de coeficientes de correlação (por exemplo, Pearson, Spearman) para medir a força e a direção das relações entre variáveis.

A análise bivariada ajuda a descobrir associações e dependências entre variáveis no conjunto de dados.

3. Análise multivariada

A análise multivariada envolve a exploração de relações entre múltiplas variáveis em simultâneo. As técnicas incluem:

- **Mapas de calor**: Exibição de correlações ou relações entre múltiplas variáveis usando gradientes de cor.

- **Análise de componentes principais (PCA)**: Reduzir a dimensionalidade dos dados para identificar padrões e relações entre variáveis.

- **Análise de clusters**: agrupamento de observações ou variáveis semelhantes ou variáveis com base nas nas suas caraterísticas.

- **Análise fatorial**: Identificação de factores subjacentes ou variáveis latentes que explicam œpadrões nos dados.

Estas técnicas ajudam os analistas a descobrir padrões e estruturas complexas em conjuntos de dados multidimensionais.

4. Ferramentas de visualização de dados

A visualização eficaz é fundamental para compreender e comunicar as informações dos dados. As ferramentas e bibliotecas comuns para a visualização de dados incluem:

- **Python**: Bibliotecas como Matplotlib, Seaborn e Plotly para criar uma vasta gama de tabelas, gráficos e visualizações interactivas.

- **R**: Pacotes como ggplot2 e lattice para produzir visualizações de alta qualidade.

- **Tableau**: Uma ferramenta poderosa para criar dashboards interactivos e análises visuais.

- **Power BI**: o serviço de análise empresarial da Microsoft para criar visualizações de dados e partilhar informações numa organização.

A escolha da ferramenta de visualização correta depende da complexidade dos dados e das informações específicas que pretende transmitir.

5. Exploração interactiva de dados

As ferramentas de visualização interactiva permitem que os analistas explorem os dados de forma dinâmica, aprofundem os detalhes e descubram padrões ocultos ou valores atípicos. As técnicas incluem:

- **Ampliação e filtragem**: Ampliação interactiva de pontos de dados específicos ou aplicação de filtros para focar subconjuntos de dados.

- **Visualizações ligadas**: Ligação de várias visualizações para explorar simultaneamente as relações entre diferentes variáveis.

- **Conceção de dashboards**: Criação de dashboards com múltiplas visualizações para fornecer uma visão abrangente do conjunto de dados.

A exploração interactiva de dados aumenta a agilidade e a profundidade da EDA, permitindo a exploração em tempo real e o teste de hipóteses.

Conclusão

A Análise Exploratória de Dados é um primeiro passo fundamental no processo de análise de dados, fornecendo informações que informam a modelação e interpretação subsequentes. Ao empregar uma combinação de técnicas estatísticas e ferramentas de visualização avançadas, os analistas podem descobrir padrões, tendências e relações nos dados que conduzem a conhecimentos significativos e à tomada de decisões. O domínio das técnicas de EDA confere aos analistas a capacidade de extrair informações acionáveis de conjuntos de dados complexos, tornando-as uma competência indispensável no conjunto de ferramentas de qualquer analista ou cientista de dados.

A identificação de padrões, tendências e valores atípicos é um aspeto fundamental da análise exploratória de dados (EDA). Estas informações ajudam os analistas a compreender a estrutura subjacente dos dados, a detetar anomalias e a informar outras análises ou processos de tomada de decisões. Segue-se uma exploração pormenorizada das técnicas utilizadas para identificar padrões, tendências e valores atípicos nos dados:

1. Identificação de padrões

Os padrões nos dados referem-se a estruturas ou comportamentos recorrentes que podem ser observados no conjunto de dados. A identificação de padrões envolve:

- **Visualização**: Utilização de gráficos, diagramas e gráficos para inspecionar visualmente os dados em busca de formas repetitivas, ciclos ou tendências. As visualizações comuns incluem gráficos de linhas para dados de séries temporais, gráficos de dispersão para relações entre variáveis e mapas de calor para matrizes de correlação.

- **Análise estatística**: Aplicação de métodos estatísticos como a análise de autocorrelação para dados de séries temporais, análise de clusters para agrupar observações semelhantes ou extração de regras de associação para descobrir padrões de coocorrência entre variáveis.

- **Redução da dimensionalidade**: Técnicas como a análise de componentes principais (PCA) ou a incorporação de vizinhos estocásticos distribuídos em t (t-SNE) podem revelar padrões subjacentes através da redução da dimensionalidade dos dados, preservando simultaneamente relações importantes.

2. Detetar tendências

As tendências nos dados indicam alterações ou movimentos a longo prazo numa determinada direção ao longo do tempo ou entre variáveis. As técnicas de deteção de tendências incluem:

- **Técnicas de suavização**: Aplicação de médias móveis ou suavização exponencial para remover ruído e realçar tendências subjacentes em dados de séries cronológicas.

- **Decomposição de séries cronológicas**: Decomposição de dados de séries temporais em componentes sazonais, de tendência e residuais utilizando métodos como a decomposição sazonal de séries temporais (STL).

- **Análise de regressão**: Utilização de modelos de regressão para quantificar e prever tendências com base em tendências de dados históricos.

- **Visualização de dados**: Os gráficos de linhas e os gráficos de áreas são eficazes para visualizar tendências ao longo do tempo, enquanto os mapas de calor podem realçar tendências em várias dimensões.

3. Identificação de valores anómalos

Os valores anómalos são observações que se desviam significativamente de outros pontos de dados no conjunto de dados. Podem indicar erros na recolha de dados, eventos invulgares ou informações valiosas sobre ocorrências raras. As técnicas para identificar valores atípicos incluem:

- **Métodos estatísticos**: Cálculo de medidas como a média, a mediana, o desvio padrão e o intervalo interquartil (IQR) para definir limiares para além dos quais as observações são consideradas anómalas.

- **Gráficos de caixa**: Visualização da distribuição de dados e identificação de outliers com base em limiares predefinidos (por exemplo, valores fora de 1,5 vezes o IQR).

- **Análise de clusters**: Os outliers podem aparecer como observações que não se encaixam em nenhum cluster ou grupo identificado por algoritmos de agrupamento.

- **Abordagens baseadas na densidade**: Técnicas como o DBSCAN (Density-Based Spatial Clustering of Applications with Noise) podem identificar os outliers como pontos em regiões de baixa densidade do espaço de dados.

- **Inspeção visual**: Os gráficos de dispersão e as sobreposições de histogramas podem revelar visualmente os valores anómalos, observando os pontos de dados que se encontram afastados do grupo principal ou da tendência.

Considerações práticas

- **Conhecimento do domínio**: Compreender o contexto do domínio é crucial para interpretar corretamente os padrões, as tendências e os valores atípicos. Os especialistas do domínio podem fornecer informações sobre o que constitui uma tendência significativa ou um valor atípico num contexto específico.

- **Processo iterativo**: A identificação de padrões, tendências e valores atípicos é frequentemente um processo iterativo que envolve o aperfeiçoamento de técnicas, a revisão de pressupostos de dados e a validação de resultados.

- **Comunicação**: Comunicar eficazmente as conclusões sobre padrões, tendências e fenómenos anómalos às partes interessadas é essencial para tomar decisões informadas com base em informações baseadas em dados.

Conclusão

A identificação de padrões, tendências e valores atípicos é um passo fundamental na análise exploratória de dados, permitindo que os analistas descubram informações e anomalias ocultas nos conjuntos de dados. Ao utilizar uma combinação de métodos estatísticos, técnicas de visualização e conhecimentos especializados, os analistas podem obter conclusões significativas que apoiam a tomada de decisões estratégicas e análises adicionais em vários domínios, desde a análise empresarial à investigação científica.

Exercícios práticos de exploração de dados

Os exercícios práticos de exploração de dados são cruciais para ganhar experiência prática e dominar as técnicas utilizadas na análise exploratória de dados (AED). Estes exercícios proporcionam oportunidades para aplicar conhecimentos teóricos, experimentar diferentes ferramentas e métodos e desenvolver competências na interpretação e visualização de dados. Aqui está uma exploração detalhada de como realizar exercícios práticos na exploração de dados:

1. Seleção do conjunto de dados

- **Escolha conjuntos de dados diversificados**: Selecione conjuntos de dados de vários domínios (por exemplo, finanças, cuidados de saúde, marketing) para explorar diferentes tipos de estruturas de dados e desafios.

- **Fontes de dados abertas**: Utilizar repositórios de dados abertos como o Kaggle, o UCI Machine Learning Repository ou conjuntos de dados governamentais para aceder a conjuntos de dados diversos e bem documentados.

- **Relevância para o mundo real**: Selecionar conjuntos de dados que correspondam a problemas ou cenários do mundo real para praticar a aplicação de técnicas de exploração de dados em contextos práticos.

2. Preparação de dados

- **Limpeza de dados**: Antes da exploração, efetuar tarefas de limpeza de dados, como o tratamento de valores em falta, a remoção de duplicados e a garantia da consistência dos dados.

- **Transformação de dados**: Pré-processar os dados conforme necessário, incluindo o escalonamento de variáveis numéricas, a codificação de variáveis categóricas e a transformação de formatos de dados para análise.

3. Técnicas de análise exploratória de dados

- **Estatística descritiva**: Calcular e interpretar estatísticas sumárias (por exemplo, média, mediana, desvio padrão) para compreender as tendências centrais e a variabilidade dos dados.

- **Visualização**: Utilizar representações gráficas como histogramas, gráficos de caixa, gráficos de dispersão e mapas de calor para explorar visualmente as distribuições de dados, relações entre variáveis e padrões.

- **Redução de dimensionalidade**: Aplicar técnicas como PCA ou t-SNE para reduzir a dimensionalidade dos dados e visualizar conjuntos de dados de elevada dimensão em dimensões inferiores.

4. Exercícios práticos

- **Exploração básica**: Comece com exercícios simples para explorar as caraterísticas dos dados (por exemplo, tipos de dados, número de observações, nomes de variáveis) e gerar visualizações iniciais.

- **Reconhecimento de padrões**: Praticar a identificação de padrões nos dados utilizando a inspeção visual e técnicas estatísticas como a análise de correlação ou agrupamento.

- **Análise de tendências**: Realizar exercícios para detetar tendências ao longo do tempo ou entre variáveis utilizando a decomposição de séries temporais, visualização de tendências ou análise de regressão.

- **Deteção de valores atípicos**: Implementar exercícios para identificar outliers utilizando métodos estatísticos (por exemplo, IQR, z-score) e visualizar outliers no conjunto de dados.

5. Interpretação e documentação

- **Interpretar resultados**: Analisar e interpretar os conhecimentos obtidos nos exercícios de exploração de dados, estabelecendo ligações entre padrões observados, tendências e valores atípicos.

- **Documentar resultados**: Documentar as conclusões, os conhecimentos e os passos dados durante os exercícios de exploração de dados, incluindo os passos de pré-processamento de dados, as técnicas de análise utilizadas e as visualizações criadas.

6. Processo de aprendizagem iterativo

- **Feedback e revisão**: Procure obter feedback de colegas ou mentores sobre os seus exercícios de exploração de dados para validar as conclusões e melhorar as técnicas.

- **Iterar e aperfeiçoar**: Iterar nos exercícios de exploração de dados, aperfeiçoando metodologias, experimentando diferentes técnicas de visualização e explorando perspectivas de dados alternativas.

7. Aplicações práticas

- **Aplicar a problemas do mundo real**: Amplie os exercícios práticos aplicando as técnicas de exploração de dados aprendidas a problemas do mundo real ou conjuntos de dados relevantes para a sua área de interesse.

- **Explorar técnicas avançadas**: Explorar gradualmente técnicas mais avançadas na exploração de dados, tais como visualizações interactivas, cartografia geográfica ou análise de redes.

Conclusão

Os exercícios práticos de exploração de dados são essenciais para desenvolver a proficiência em técnicas de análise exploratória de dados. Ao envolverem-se ativamente com diversos conjuntos de dados, aplicando ferramentas analíticas e interpretando os resultados, os indivíduos podem desenvolver competências práticas na exploração de dados que são aplicáveis em vários domínios e indústrias. Estes exercícios não só melhoram os conhecimentos técnicos, como também promovem o pensamento crítico e as capacidades de resolução de problemas necessárias para uma tomada de decisões eficaz baseada em dados.

Capítulo 3 Fundamentos de Estatística: Fundamentos de Probabilidade e Estatística

Compreender os fundamentos da probabilidade e da estatística é essencial para qualquer pessoa envolvida na análise de dados. Estes conceitos constituem a espinha dorsal do raciocínio estatístico, dos testes de hipóteses e da tomada de decisões informadas com base em dados. Este tópico aborda os princípios e técnicas chave da probabilidade e da estatística que são fundamentais para a análise de dados:

1. Teoria das probabilidades

A teoria das probabilidades fornece um quadro para quantificar a incerteza e a aleatoriedade. Os principais conceitos incluem:

- **Noções básicas de probabilidade**: Entender a probabilidade como uma medida da probabilidade de ocorrência de um evento, variando de 0 (impossível) a 1 (certo).

- **Tipos de acontecimentos**: Distinguir entre acontecimentos independentes e dependentes e compreender a probabilidade condicional.

  - **Distribuições de probabilidade**: Explorar diferentes tipos de distribuições de probabilidade, tais como:

o **Distribuições discretas**: Incluindo as distribuições de Bernoulli, Binomial e Poisson.

  o **Distribuições contínuas**: Tais como as distribuições Normal (Gaussiana), Exponencial e Uniforme.

- **Lei dos grandes números**: Compreender como as médias das amostras convergem para as médias da população com o aumento do tamanho da amostra.

2. Estatísticas descritivas

A estatística descritiva envolve métodos para resumir e descrever dados. As principais técnicas incluem:

- **Medidas de tendência central**: Calcular e interpretar medidas como a média, a mediana e a moda para descrever a posição central dos dados.

- **Medidas de dispersão**: Compreender a variabilidade utilizando medidas como a variância, o desvio padrão e o intervalo.

- **Análise Exploratória de Dados (AED)**: Utilização de representações gráficas como histogramas, gráficos de caixa e gráficos de dispersão para visualizar distribuições de dados, valores atípicos e relações entre variáveis.

3. Estatística Inferencial

A estatística inferencial permite-nos tirar conclusões e fazer previsões sobre uma população com base numa amostra de dados. Os conceitos-chave incluem:

- **Técnicas de amostragem**: Compreender os diferentes métodos de amostragem (por exemplo, amostragem aleatória, amostragem estratificada) e as suas implicações para a generalização.

- **Estimativa**: Utilização de estatísticas amostrais para estimar parâmetros populacionais, tais como estimativas pontuais e intervalos de confiança.

- **Testes de hipóteses**: Formulação e teste de hipóteses sobre parâmetros populacionais utilizando técnicas como testes t, testes de qui-quadrado, ANOVA (Análise de Variância) e testes não paramétricos.

- **Significância estatística**: Interpretar os valores de p para determinar o significado dos resultados e tomar decisões com base em provas estatísticas.

4. Estatística Bayesiana

A estatística bayesiana fornece um quadro para atualizar crenças ou probabilidades com base em novos dados. Os principais conceitos incluem:

- **Teorema de Bayes**: Compreender a relação entre crenças prévias, probabilidade de evidência e probabilidades posteriores.

- **Inferência Bayesiana**: Utilizar o teorema de Bayes para atualizar crenças ou fazer previsões com base em dados observados.

- **Aplicações**: Aplicação de métodos Bayesianos em áreas como a aprendizagem automática, a teoria da decisão e a investigação médica.

5. Aplicações práticas

- **Tomada de decisões com base em dados**: Utilização de ferramentas e técnicas estatísticas para analisar dados e informar decisões empresariais, elaboração de políticas e investigação científica.

- **Controlo de qualidade**: Aplicação de métodos de controlo estatístico de processos para monitorizar e melhorar processos com base na análise de dados.

- **Análise preditiva**: Utilização de modelos estatísticos para prever resultados e tendências futuras com base em dados históricos.

Conclusão

Compreender os fundamentos da probabilidade e da estatística é crucial para efetuar uma análise rigorosa dos dados e tomar decisões baseadas em provas. Ao dominar estes conceitos fundamentais, os analistas podem interpretar eficazmente os dados, retirar conclusões significativas e comunicar os resultados com confiança. A prática e a aplicação contínuas dos princípios estatísticos permitem que os indivíduos utilizem os dados de forma eficaz em vários domínios, contribuindo para a tomada de decisões informadas e para a inovação.

Teste de hipóteses e intervalos de confiança

Os testes de hipóteses e os intervalos de confiança são técnicas estatísticas essenciais utilizadas para efetuar inferências sobre parâmetros populacionais com base em dados de amostras. Estes conceitos são cruciais para validar hipóteses, avaliar o significado dos resultados e tomar decisões informadas na análise de dados. Aqui está uma exploração detalhada dos testes de hipóteses e intervalos de confiança:

1. Teste de hipóteses

O teste de hipóteses é um procedimento sistemático para avaliar afirmações ou hipóteses sobre um parâmetro populacional com base em dados de amostra. O processo envolve normalmente os seguintes passos:

- **Formulação de hipóteses**:

- o **Hipótese nula (H0)**: Representa o status quo ou o pressuposto a ser testado.

- o **Hipótese alternativa (H1 ou Ha)**: Indica o que o investigador espera provar ou demonstrar.

- **Seleção de um teste estatístico**:

  - o **Testes paramétricos**: Tais como testes t (para comparação de médias), ANOVA (para comparação de médias múltiplas), testes z (para proporções), etc., assumindo pressupostos de distribuição específicos.

  - o **Testes não paramétricos**: Como o teste de Wilcoxon signed-rank, o teste U de Mann-Whitney, o teste de Kruskal-Wallis, adequado para distribuições não normais ou tamanhos de amostra mais pequenos.

- **Determinação da estatística de teste**: Calcular a estatística de teste com base nos dados da amostra, que mede a força da evidência contra a hipótese nula.

- **Definição do nível de significância (α)**: Normalmente definido em 0,05 ou 0,01, representando a probabilidade de rejeitar a hipótese nula quando esta é efetivamente verdadeira.

- **Tomar uma decisão**: Comparar a estatística de teste calculada com o(s) valor(es) crítico(s) da distribuição estatística apropriada ou calcular o valor p.

  - o **Abordagem do valor p**: Se o valor p for inferior a α, rejeitar a hipótese nula, indicando uma forte evidência contra H0.

  - o **Abordagem do valor crítico**: Comparar a estatística do teste com um valor crítico de uma distribuição de referência (por exemplo, distribuição t, distribuição z).

- **Interpretação dos resultados**: Tirar conclusões com base na decisão de rejeitar ou não rejeitar a hipótese nula, considerando o contexto e as implicações para a questão ou problema de investigação.

2. Intervalos de confiança

Os intervalos de confiança fornecem uma gama de valores que provavelmente contém o verdadeiro parâmetro populacional, com um nível de confiança especificado (por exemplo, 95% ou 99%). Os principais aspectos dos intervalos de confiança incluem:

- **Cálculo de intervalos de confiança**:

  - Para médias: Construir intervalos de confiança para a média da população μ com base na média da amostra, no erro padrão e no valor crítico (z ou t).

  - Para proporções: Construir intervalos de confiança para a proporção populacional p com base na proporção da amostra, no erro padrão e no valor crítico (z).

- **Interpretar intervalos de confiança**: Compreender que um intervalo mais largo indica maior incerteza ou variabilidade na estimativa, enquanto um intervalo mais estreito indica maior precisão.

- **Relação com o teste de hipóteses**: Os intervalos de confiança podem ser utilizados para efetuar testes de hipóteses indiretamente, verificando se o valor da hipótese nula se encontra dentro do intervalo.

Considerações práticas

- **Tamanho da amostra**: As amostras de maior dimensão conduzem geralmente a intervalos de confiança mais estreitos e a um maior poder estatístico nos testes de hipóteses.

- **Pressupostos**: Assegurar que os pressupostos subjacentes ao teste estatístico escolhido (por exemplo, normalidade, independência) são cumpridos para uma interpretação exacta dos resultados.

- **Comparações múltiplas**: Ajustar para comparações múltiplas para controlar a taxa de erro global do Tipo I (falsos positivos) ao efetuar testes de hipóteses múltiplas.

Aplicações

- **Investigação científica**: O teste de hipóteses é amplamente utilizado em estudos científicos para validar teorias e tirar conclusões a partir de dados experimentais.

- **Controlo de qualidade**: Os intervalos de confiança são utilizados para monitorizar a variabilidade do processo e garantir que os produtos cumprem as normas de qualidade.

- **Tomada de decisões empresariais**: As técnicas de inferência estatística informam as decisões estratégicas, as campanhas de marketing e a afetação de recursos com base na análise de dados.

Conclusão

Os testes de hipóteses e os intervalos de confiança são ferramentas indispensáveis na análise estatística, fornecendo métodos rigorosos para efetuar inferências a partir de dados de amostras para parâmetros populacionais. O domínio destas técnicas permite que os analistas tirem conclusões fiáveis, validem hipóteses e comuniquem os resultados de forma eficaz em vários domínios, desde a investigação científica à análise empresarial. A prática contínua e a compreensão dos pressupostos e interpretações estatísticos aumentam a fiabilidade e a validade das conclusões retiradas da análise de dados.

Análise de regressão e suas aplicações

A análise de regressão é uma poderosa ferramenta estatística utilizada para examinar a relação entre uma variável dependente e uma ou mais variáveis independentes. Ajuda a prever resultados, a compreender relações e a tomar decisões informadas. Este tópico explora os fundamentos da análise de regressão, os vários tipos de regressão e as suas diversas aplicações.

1. Fundamentos da análise de regressão

1.1 Compreender a regressão

- **Variável dependente (variável de resposta)**: A variável que está a tentar prever ou explicar.

- **Variáveis independentes (variáveis preditoras ou explicativas)**: As variáveis que são utilizadas para prever a variável dependente.

1.2 Objectivos da análise de regressão

- **Previsão**: Previsão de resultados futuros com base nos dados existentes.

- **Explicação**: Compreender a relação e o impacto das variáveis independentes na variável dependente.

- **Controlo**: Identificação das variáveis que podem ser manipuladas para influenciar a variável dependente.

1.3 Pressupostos da análise de regressão

- **Linearidade**: A relação entre as variáveis dependentes e independentes é linear.

- **Independência**: As observações são independentes umas das outras.

- **Homoscedasticidade**: A variância dos resíduos (erros) é constante em todos os níveis das variáveis independentes.

- **Normalidade**: Os resíduos têm uma distribuição normal.

2. Tipos de análise de regressão

2.1 Regressão Linear Simples

- Model: $Y = \beta_0 + \beta_1 X + \epsilon$
  - Y: Dependent variable
  - X: Independent variable
  - β_0: Intercept
  - β_1: Slope
  - ϵ: Error term

- Objective: To find the best-fitting line through the data points.

2.2 Multiple Linear Regression

- Model: $Y = \beta_0 + \beta_1 X_1 + \beta_2 X_2 + \cdots + \beta_n X_n + \epsilon$
  - Y: Dependent variable
  - $X_1, X_2, \cdots, X_n$: Independent variables

- Objective: To model the relationship between one dependent variable and multiple independent variables.

2.3 Polynomial Regression

- Model: $Y = \beta_0 + \beta_1 X + \beta_2 X^2 + \cdots + \beta_n X^n + \epsilon$
- Objective: To model non-linear relationships by including polynomial terms of the independent variables.

2.4 Logistic Regression

- Model: $\operatorname{logit}(P) = \log\left(\frac{P}{1-P}\right) = \beta_0 + \beta_1 X_1 + \beta_2 X_2 + \cdots + \beta_n X_n$

  - PPP: Probabilidade de a variável dependente ser de uma determinada classe

- **Objetivo**: Modelar variáveis de resultado binárias, prevendo a probabilidade de ocorrência de um evento.

2.5 Regressão Ridge e Lasso

- **Regressão Ridge**: Adiciona uma penalização no tamanho dos coeficientes para lidar com a multicolinearidade (regularização L2).

- **Regressão Lasso**: Adiciona uma penalização que pode reduzir os coeficientes a zero, útil para a seleção de caraterísticas (regularização L1).

3. Aplicações da análise de regressão

3.1 Economia e negócios

- **Previsão de vendas**: Previsão de vendas futuras com base em dados históricos e tendências de mercado.

- **Análise de mercado**: Compreender o impacto das alterações de preços, da publicidade e de outros factores na procura.

3.2 Cuidados de saúde

- **Epidemiologia**: Analisar os factores que influenciam a propagação de doenças.

- **Investigação médica**: Prever os resultados dos pacientes com base em variáveis clínicas e tratamentos.

3.3 Ciências sociais

- **Análise de inquéritos**: Compreender a relação entre os factores demográficos e as respostas aos inquéritos.

- **Estudos comportamentais**: Análise do impacto de vários factores no comportamento humano.

3.4 Engenharia e Ciências Físicas

- **Controlo da qualidade**: Modelação da relação entre as variáveis do processo e a qualidade do produto.

- **Estudos ambientais**: Prever o impacto dos factores ambientais nos resultados ecológicos.

3.5 Finanças

- **Gestão do risco**: Modelação da relação entre factores de risco e desempenho financeiro.

- **Gestão de carteiras**: Prever os retornos dos activos financeiros com base em indicadores económicos.

4. Etapas práticas da análise de regressão

4.1 Preparação de dados

- **Limpeza de dados**: Tratamento de valores em falta, valores anómalos e garantia da qualidade dos dados.

- **Engenharia de caraterísticas**: Criação de novas caraterísticas ou transformação das existentes para melhorar o desempenho do modelo.

4.2 Construção de modelos

- **Seleção do modelo**: Escolher o tipo apropriado de modelo de regressão com base no problema e nas caraterísticas dos dados.

- **Ajustar o modelo**: Utilizar software estatístico ou linguagens de programação (por exemplo, R, Python) para ajustar o modelo de regressão aos dados.

4.3 Avaliação do modelo

- **Análise de resíduos**: Verificação dos resíduos para garantir que cumprem os pressupostos da análise de regressão.

- **Medidas de adequação**: Utilizar o R-quadrado, o R-quadrado ajustado e outras métricas para avaliar o desempenho do modelo.

- **Validação**: Dividir os dados em conjuntos de treino e de teste para validar o desempenho preditivo do modelo.

4.4 Interpretação do modelo

- **Coeficientes**: Interpretar a magnitude e a direção da relação entre variáveis independentes e dependentes.

- **Significância estatística**: Avaliar a significância dos coeficientes utilizando valores de p e intervalos de confiança.

5. Tópicos Avançados em Análise de Regressão

- **Multicolinearidade**: Detetar e tratar a multicolinearidade utilizando técnicas como o fator de inflação da variância (VIF).

- **Efeitos de interação**: Inclusão de termos de interação para modelar o efeito combinado de múltiplas variáveis.

- **Regressão não linear**: Utilização de modelos não lineares para captar relações mais complexas.

- **Regressão de séries temporais**: Aplicação de técnicas de regressão a dados de séries temporais para previsão e análise de tendências.

Conclusão

A análise de regressão é uma técnica estatística versátil e amplamente utilizada para modelar relações, efetuar previsões e obter informações a partir de dados. Ao compreender os fundamentos, os tipos, as aplicações e as etapas práticas envolvidas na análise de regressão, os analistas podem aproveitar eficazmente esta poderosa ferramenta para informar a tomada de decisões em vários domínios. A prática contínua e a exploração de tópicos avançados aumentam a proficiência na aplicação da análise de regressão a problemas complexos do mundo real.

Capítulo 4: Técnicas avançadas de análise de dados

Algoritmos de aprendizagem automática e suas aplicações

Os algoritmos de aprendizagem automática (ML) representam técnicas avançadas de análise de dados que permitem aos computadores aprender com os dados e fazer previsões ou tomar decisões sem serem explicitamente programados. Estes algoritmos podem lidar com conjuntos de dados complexos, descobrir padrões ocultos e fornecer informações que estão para além do âmbito dos métodos estatísticos tradicionais. Este tópico aborda vários algoritmos de aprendizagem automática, os seus tipos e diversas aplicações.

1. Introdução à aprendizagem automática

A aprendizagem automática é um subconjunto da inteligência artificial (IA) que se centra na criação de sistemas capazes de aprender com os dados, identificar padrões e tomar decisões. Os algoritmos de aprendizagem automática dividem-se em três tipos:

- **Aprendizagem supervisionada**: O algoritmo aprende a partir de dados de treino rotulados e faz previsões com base nesses dados.

- **Aprendizagem não supervisionada**: O algoritmo identifica padrões e relações em dados não rotulados.

- **Aprendizagem por reforço**: O algoritmo aprende interagindo com um ambiente e recebendo feedback através de recompensas ou penalizações.

2. Algoritmos de aprendizagem supervisionada

2.1 Algoritmos de regressão

- **Regressão linear**: Prevê um resultado contínuo com base na relação linear entre as caraterísticas de entrada e a variável-alvo.

    - **Aplicação**: Previsão dos preços das casas com base em caraterísticas como o tamanho, a localização e o número de quartos.

- **Regressão Ridge e Lasso**: Extensões da regressão linear que incluem regularização para evitar o sobreajuste.

o   **Aplicação**: Seleção de caraterísticas e redução da complexidade do modelo.

2.2 Algoritmos de classificação

- **Regressão logística**: Prevê resultados binários utilizando uma função logística.

  o   **Aplicação**: Classificação de mensagens de correio eletrónico como spam ou não spam.

- **Máquinas de vectores de suporte (SVM)**: Encontra o hiperplano ótimo que separa as classes no espaço de caraterísticas.

  o   **Aplicação**: Classificação de imagens, como a distinção entre diferentes tipos de objectos.

- **Árvores de decisão**: Utiliza um modelo em forma de árvore das decisões e das suas possíveis consequências.

  o   **Aplicação**: Segmentação de clientes com base no comportamento de compra.

- **Floresta aleatória**: Um método de conjunto que constrói várias árvores de decisão e as funde para melhorar a precisão e controlar o sobreajuste.

  o   **Aplicação**: Pontuação de crédito e avaliação de risco.

- **Gradient Boosting Machines (GBM)**: Constrói um conjunto de árvores de forma sequencial, em que cada árvore corrige os erros das anteriores.

  o   **Aplicação**: Prever os resultados dos doentes nos cuidados de saúde.

- **k-vizinhos mais próximos (k-NN)**: Classifica um ponto de dados com base na classe maioritária dos seus k-vizinhos mais próximos.

  o   **Aplicação**: Sistemas de recomendação, como a sugestão de filmes ou produtos.

- **Redes neurais**: Imitam o cérebro humano para reconhecer padrões e relações nos dados.

- o **Aplicações**: Reconhecimento de escrita à mão, reconhecimento de imagem e de voz.

3. Algoritmos de aprendizagem não supervisionada

3.1 Algoritmos de agrupamento

- **k-Means Clustering**: Divide os dados em k clusters distintos com base na semelhança de caraterísticas.

  - o **Aplicação**: Segmentação do mercado, agrupamento de clientes.

- **Clusterização hierárquica**: Constrói uma hierarquia de clusters usando uma abordagem aglomerativa (bottom-up) ou divisiva (top-down).

  - o **Aplicação**: Análise de dados de expressão de genes.

- **DBSCAN (Density-Based Spatial Clustering of Applications with Noise)**: Identifica clusters com base na densidade de pontos, permitindo a descoberta de clusters com formas arbitrárias.

  - o **Aplicação**: Análise de dados geográficos e deteção de anomalias.

3.2 Aprendizagem de regras de associação

- **Algoritmo Apriori**: Identifica conjuntos de itens frequentes em dados transaccionais e deriva regras de associação.

  - o **Aplicação**: Análise do cabaz de compras para encontrar associações de produtos no retalho.

- **Algoritmo Eclat**: Uma alternativa eficiente ao algoritmo Apriori para a extração de conjuntos de itens frequentes.

  - o **Aplicação**: Identificação de caraterísticas comuns em conjuntos de dados para engenharia de caraterísticas.

3.3 Redução de dimensionalidade

- **Análise de componentes principais (PCA)**: Reduz a dimensionalidade dos dados, preservando o máximo de variância possível.

  o **Aplicações**: Visualização de dados de elevada dimensão, redução de ruído.

- **t-Distributed Stochastic Neighbor Embedding (t-SNE)**: Uma técnica de redução de dimensionalidade não linear para incorporar dados de alta dimensão num espaço de baixa dimensão.

  o **Aplicação**: Visualização de padrões complexos em dados, como em dados de imagem ou de texto.

4. Aprendizagem por reforço

A aprendizagem por reforço envolve um agente que aprende a tomar decisões executando acções e recebendo feedback do ambiente.

- **Q-Learning**: Um algoritmo de aprendizagem por reforço sem modelo que procura aprender o valor de uma ação num determinado estado.

  o **Aplicações**: Jogos (por exemplo, AlphaGo), controlo robótico.

- **Redes Q profundas (DQN)**: Combina o Q-learning com redes neurais profundas para lidar com espaços de entrada de elevada dimensão.

  o **Aplicações**: Jogos de estratégia complexos, condução autónoma.

5. Aplicações práticas dos algoritmos de aprendizagem automática

5.1 Cuidados de saúde

- **Diagnóstico de doenças**: Utilização de algoritmos de classificação para diagnosticar doenças com base em dados de pacientes.
- **Medicina personalizada**: Previsão das respostas dos pacientes aos tratamentos utilizando algoritmos de regressão e agrupamento.

5.2 Finanças

- **Deteção de fraudes**: Utilização de algoritmos de deteção e classificação de anomalias para identificar transacções fraudulentas.

- **Negociação algorítmica**: Utilizar a aprendizagem por reforço para desenvolver estratégias de negociação.

5.3 Marketing

- **Segmentação de clientes**: Aplicação de algoritmos de agrupamento para segmentar clientes com base no comportamento de compra.

- **Previsão do churn**: Utilização de algoritmos de classificação para prever a rotatividade de clientes e tomar medidas proactivas.

5.4 Fabrico

- **Manutenção Preditiva**: Utilização de modelos de regressão e classificação para prever falhas de equipamento e programar a manutenção.

- **Controlo de qualidade**: Utilizar a aprendizagem automática para detetar defeitos e garantir a qualidade do produto.

5.5 Transporte

- **Otimização de rotas**: Utilização da aprendizagem por reforço para otimizar rotas para logística e entrega.

- **Veículos autónomos**: Aplicação da aprendizagem profunda e da aprendizagem por reforço à navegação e controlo de veículos.

6. Passos para implementar algoritmos de aprendizagem automática

6.1 Preparação de dados

- **Recolha de dados**: Recolha de dados relevantes de várias fontes.

- **Limpeza de dados**: Tratamento de valores em falta, valores anómalos e inconsistências.

- **Engenharia de caraterísticas**: Criação de novas caraterísticas, escalonamento e normalização de dados.

6.2 Construção de modelos

- **Seleção do algoritmo**: Seleção do algoritmo de aprendizagem automática adequado com base ntipo de problema e nas caraterísticas dos dados.
- **Treinar o modelo**: Utilizar dados de treino para construir o modelo.

- **Afinação de hiperparâmetros**: Otimização dos parâmetros do modelo para um melhor desempenho.

6.3 Avaliação do modelo

- **Validação cruzada**: Utilização de técnicas como a validação cruzada k-fold para avaliar o desempenho do modelo.

- **Métricas de desempenho**: Avaliar a exatidão do modelo, a precisão, a recuperação, a pontuação F1 e a AUC- ROC para classificação; RMSE e MAE para regressão.

6.4 Implementação do modelo

- **Implementação**: Integrar o modelo treinado nos sistemas de produção.

- **Monitorização**: Monitorizar continuamente o desempenho do modelo e actualizá-lo conforme necessário.

Conclusão

Os algoritmos de aprendizagem automática oferecem técnicas avançadas para analisar conjuntos de dados complexos, prever resultados e obter informações acionáveis. Ao compreender os fundamentos e as aplicações de vários algoritmos de aprendizagem automática, os analistas e cientistas de dados podem tirar partido destas ferramentas poderosas para resolver problemas reais em diversos domínios. A aprendizagem contínua, a experimentação e a atualização dos últimos avanços na aprendizagem automática são essenciais para dominar estas técnicas avançadas de análise de dados.

Métodos de agrupamento e classificação

O agrupamento e a classificação são duas técnicas fundamentais na aprendizagem automática e na análise de dados. O agrupamento é um método de aprendizagem não supervisionado que agrupa pontos de dados em clusters com base nas suas semelhanças, enquanto a classificação é um método de aprendizagem supervisionado que atribui pontos de dados a classes predefinidas. Esta visão geral detalhada explora os vários métodos de agrupamento e classificação, os seus princípios subjacentes e aplicações.

1. Métodos de agrupamento

O agrupamento envolve o agrupamento de um conjunto de objectos de tal forma que os objectos do mesmo grupo (cluster) são mais semelhantes entre si do que os de outros grupos.

1.1 Tipos de métodos de agrupamento

1.1.1 Métodos de partição

- **Agrupamento k-Means**
  - o **Algoritmo**: Divide o conjunto de dados em k clusters, minimizando a variância dentro de cada cluster.
  - o **Passos**:
    1. Inicializar k centróides de forma aleatória.
    2. Atribuir cada ponto de dados ao centróide mais próximo.
    3. Recalcular os centróides com base nos membros actuais do agrupamento.

4. Repetir os passos 2 e 3 até à convergência.

- o **Aplicações:** segmentação de clientes , compressão de imagens e segmentação do mercado.

- **k-Medoids Clustering**

  - o **Algoritmo:** Semelhante ao k-means, mas utiliza medoids (objectos representativos) em vez de centroids.

  - o **Vantagens:** Mais robusto em relação aos outliers do que o k-means.

  - o **Aplicações:** Agrupamento robusto em cenários com outliers.

1.1.2 Agrupamento hierárquico

- **Agrupamento hierárquico aglomerativo**

  - o **Algoritmo:** Começa com cada ponto de dados como um único cluster e funde os pares mais próximos iterativamente até que todos os pontos estejam num único cluster.

  - o **Critérios de ligação:**

    - **Ligação única:** Distância mínima entre pontos em diferentes clusters.

    - **Ligação completa:** Distância máxima entre pontos em diferentes clusters.

    - **Ligação média:** Distância média entre pontos em diferentes clusters.

  - o **Aplicações:** Análise de dados de expressão genética, agrupamento de documentos.

- **Agrupamento hierárquico divisivo**

  o **Algoritmo**: Começa com todo o conjunto de dados num cluster e divide-o recursivamente em clusters mais pequenos.

  o **Aplicações**: Organização hierárquica de grandes conjuntos de dados.

1.1.3 Agrupamento baseado na densidade

- **DBSCAN (Agrupamento espacial baseado na densidade de aplicações com ruído)**

  o **Algoritmo**: Agrupa os pontos de dados que estão muito próximos uns dos outros, marcando os pontos em regiões de baixa densidade como anómalos.

  o **Parâmetros**:

    - **eps**: Distância máxima entre dois pontos para serem considerados vizinhos.

    - **minPts**: Número mínimo de pontos para formar uma região densa.

  o **Aplicações**: Análise de dados geográficos, deteção de anomalias.

- **OPTICS (Pontos de ordenação para identificar a estrutura de agrupamento)**

  o **Algoritmo**: Uma extensão do DBSCAN, capaz de descobrir clusters de densidades variáveis.

  o **Aplicações**: Cenários de agrupamento complexos com agrupamentos de densidade variável.

1.1.4 Agrupamento baseado em modelos

- **Modelos de Mistura Gaussiana (GMM)**

  o **Algoritmo**: Assume que os dados são gerados a partir de uma mistura de várias distribuições Gaussianas com parâmetros desconhecidos.

o   **Aplicações**: Identificação de oradores, segmentação de imagens.

- **Algoritmo de maximização da expetativa (EM)**

    o   **Algoritmo**: Procura iterativamente estimativas de máxima verosimilhança de parâmetros em modelos estatísticos com variáveis latentes.

    o   **Aplicações**: Soft clustering, imputação de dados em falta.

2. Métodos de classificação

A classificação envolve a previsão da categoria ou classe de um determinado ponto de dados com base num conjunto de dados de treino que contém pontos de dados cujas categorias são conhecidas.

2.1 Tipos de métodos de classificação

2.1.1 Modelos lineares

- **Regressão logística**

    o   **Algoritmo**: Modela a probabilidade de uma dada entrada pertencer a uma determinada classe utilizando a função logística.

    o   **Aplicações**: Pontuação de crédito, diagnóstico de doenças.

- **Análise Discriminante Linear (LDA)**

    o   **Algoritmo**: Encontra uma combinação linear de caraterísticas que melhor separa duas ou mais classes.

    o   **Aplicações**: Reconhecimento facial, marketing.

2.1.2 Máquinas de vectores de suporte (SVM)

- **Algoritmo**: Encontra o hiperplano que maximiza a margem entre diferentes classes no espaço de caraterísticas.

- **Kernels**: Transformam o espaço de entrada em dimensões superiores para lidar com separações não lineares.

- o **Kernel linear**: Para dados linearmente separáveis.

- o **Kernel polinomial**: Para dados não lineares com relações polinomiais.

- o **Kernel de função de base radial (RBF)**: Para relações mais complexas.

- **Aplicações**: Classificação de textos, reconhecimento de imagens.

2.1.3 Métodos baseados em árvores de decisão

- **Árvores de decisão**

  - o **Algoritmo**: Divide os dados em subconjuntos com base no valor das caraterísticas de entrada, criando uma estrutura em árvore em que cada nó representa uma caraterística e cada ramo representa uma regra de decisão.

  - o **Aplicações**: Aprovação de empréstimos, decisões médicas.

- **Floresta aleatória**

  - o **Algoritmo**: Um conjunto de árvores de decisão, em que cada árvore é treinada num subconjunto aleatório de dados e caraterísticas.

  - o **Vantagens**: Reduz o sobreajuste, melhora a exatidão.

  - o **Aplicações**: Seleção de caraterísticas, tarefas de classificação em vários domínios.

- **Máquinas de reforço de gradiente (GBM)**

  - o **Algoritmo**: Constrói sequencialmente um conjunto de árvores, em que cada nova árvore corrige os erros das anteriores.

  - o **Variantes**: XGBoost, LightGBM, CatBoost.

  - o **Aplicações**: Soluções vencedoras em concursos de ciência de dados, modelação preditiva.

2.1.4 Redes Neuronais

- **Redes Neuronais Artificiais (RNA)**

    o **Algoritmo**: Composto por nós interligados (neurónios) organizados em camadas. Cada ligação tem um peso ajustado durante o treino.

    o **Aplicações**: Reconhecimento de escrita à mão, reconhecimento de voz.

- **Redes Neuronais Convolucionais (CNN)**

    o **Algoritmo**: Especializado no processamento de dados em grelha, como imagens, utilizando camadas convolucionais para capturar hierarquias espaciais.

    o **Aplicações**: Reconhecimento de imagens e vídeos, análise de imagens médicas.

- **Redes Neuronais Recorrentes (RNN)**

    o **Algoritmo**: Concebido para dados sequenciais, com ligações que formam ciclos direcionados, permitindo a persistência da informação.

    o **Variantes**: Memória de Curto Prazo Longa (LSTM), Unidade Recorrente Fechada (GRU).

    o **Aplicações**: Modelação de linguagem, previsão de séries temporais.

3. Aplicações de agrupamento e classificação

3.1 Aplicações de clustering

- **Segmentação do mercado**: Agrupamento de clientes com base no comportamento de compra para adaptar as estratégias de marketing.

- **Deteção de anomalias**: Identificação de padrões anómalos nos dados, como a deteção de fraudes nas finanças.

- **Agrupamento de documentos**: Organização de grandes conjuntos de documentos em tópicos para uma recuperação e análise eficientes.
- **Análise de redes sociais**: Deteção de comunidades em redes sociais.

3.2 Aplicações de classificação

- **Deteção de spam**: Classificação de e-mails como spam ou não-spam.
- **Diagnóstico médico**: Previsão de doenças com base nos sintomas e no historial médico do paciente.
- **Pontuação de crédito**: Avaliar o risco de incumprimento dos candidatos a empréstimos.
- **Análise de sentimento**: Determinar o sentimento de dados de texto, como comentários de clientes.

4. Passos práticos na implementação de clustering e classificação

4.1 Preparação de dados

- **Limpeza de dados**: Tratamento de valores em falta, valores anómalos e ruído nos dados.
- **Engenharia de caraterísticas**: Criação de novas caraterísticas ou transformação das existentes para melhorar o desempenho do modelo.
- **Escalonamento e normalização**: Padronização de caraterísticas para garantir que contribuam igualmente para aanálise.

4.2 Construção de modelos

- **Seleção do Algoritmo**: Seleção do método de agrupamento ou classificação adequado com base nas caraterísticas dos dados e nos requisitos do problema.

- **Treinar o modelo**: Utilizar dados de treino para construir o modelo, otimizar parâmetros e ajustar hiperparâmetros.

- **Avaliação do modelo**: Utilizar técnicas de validação como a validação cruzada para avaliar o desempenho do modelo.

4.3 Interpretação e implementação de modelos

- **Interpretação de resultados**: Analisar os resultados para obter informações, tais como compreender as caraterísticas dos clusters ou a importância das caraterísticas na classificação.

- **Implementação do modelo**: Implementação do modelo em sistemas de produção para análise e tomada de decisões em tempo real.

- **Monitorização e atualização**: Monitorizar continuamente o desempenho do modelo e actualizá-lo com novos dados para manter a precisão.

O agrupamento e a classificação são técnicas essenciais na análise de dados e na aprendizagem automática, servindo cada uma delas objectivos e aplicações únicos. Ao compreenderem e implementarem eficazmente estes métodos, os analistas podem descobrir padrões ocultos nos dados, fazer previsões exactas e orientar a tomada de decisões informadas em vários domínios. A aprendizagem e a prática contínuas são vitais para dominar estas técnicas e acompanhar os avanços neste domínio.

Análise e previsão de séries temporais

A análise e a previsão de séries cronológicas são técnicas essenciais da ciência dos dados utilizadas para analisar pontos de dados recolhidos ou registados em intervalos de tempo específicos. Estes métodos ajudam a compreender os padrões subjacentes, a fazer previsões e a informar a tomada de decisões em vários domínios, tais como finanças, economia, previsão meteorológica, etc. Esta panorâmica pormenorizada abrange os conceitos fundamentais, as metodologias e as aplicações da análise e previsão de séries cronológicas.

1. Introdução à análise de séries temporais

1.1 Definição e importância

- **Série cronológica**: Uma sequência de pontos de dados tipicamente medidos em pontos sucessivos no tempo, frequentemente em intervalos uniformes.

- **Importância**: Compreender as tendências, os padrões sazonais e os movimentos cíclicos nos dados de séries cronológicas é crucial para uma previsão precisa e um planeamento estratégico.

1.2 Componentes de séries temporais

- **Tendência**: O movimento ou direção a longo prazo nos dados.

- **Sazonalidade**: Padrões ou ciclos regulares e repetitivos nos dados observados em períodos de tempo específicos (por exemplo, diários, mensais).

- **Padrões cíclicos**: Flutuações nos dados que ocorrem em intervalos irregulares devido a ciclos económicos ou empresariais.

- **Irregular/ruído**: Variações aleatórias ou residuais que não podem ser atribuídas a tendências, sazonalidade ou padrões cíclicos.

2. Decomposição de séries temporais

A decomposição das séries cronológicas consiste em dividir uma série nas suas componentes constituintes: tendência, sazonalidade e resíduos. Isto ajuda a compreender e a modelizar cada componente separadamente.

2.1 Modelo aditivo

- **Modelo:** $Y(t) = T(t) + S(t) + E(t)Y(t) = T(t) + S(t) + E(t)Y(t) = T(t) + S(t) + E(t)$

  - $Y(t)Y(t)Y(t)$: *Observed value at time ttt*

- $T(t)T(t)T(t)$: *Trend component*

- $S(t)S(t)S(t)$: *Seasonal component*

- E(t)E(t)E(t): Componente irregular

2.2 Modelo multiplicativo

- **Modelo**: $Y(t) = T(t) \times S(t) \times E(t)Y(t) = T(t) \times S(t) \times E(t)Y(t) = T(t) \times S(t) \times E(t)$

  - Utilizado quando as variações sazonais são proporcionais ao nível da tendência.

3. Técnicas de análise de séries temporais

3.1 Estacionariedade

- **Definição**: Uma série temporal é estacionária se as suas propriedades estatísticas (média, variância, autocorrelação) forem constantes ao longo do tempo.

- **Importância**: Muitos modelos de séries temporais assumem a estacionariedade. As séries não estacionárias precisam de ser transformadas (por exemplo, por diferenciação) antes de serem modeladas.

3.2 Autocorrelação e autocorrelação parcial

- **Função de autocorrelação (ACF)**: Mede a correlação entre uma série temporal e os seus valores desfasados.

- **Função de Autocorrelação Parcial (PACF)**: Mede a correlação entre uma série temporal e os seus valores desfasados, controlando os valores dos desfasamentos intermédios.

- **Utilização**: Os gráficos ACF e PACF ajudam a identificar a ordem dos termos autoregressivos (AR) e de média móvel (MA) nos modelos.

4. Métodos de previsão de séries temporais

4.1 Média Móvel Integrada Autoregressiva (ARIMA)

- **Modelo**: Combina componentes autoregressivos (AR), de diferenciação (I) e de média móvel (MA).

  - **AR(p)**: Parte autoregressiva de ordem ppp.

  - **I(d)**: Diferenciação de ordem ddd para tornar a série estacionária.

  - **MA(q)**: Parte da média móvel da ordem qqq.

- **Notação**: ARIMA(p,d,q)ARIMA(p, d, q)ARIMA(p,d,q)

- **Passos**:

1. **Identificação**: Determinar os valores de ppp, ddd e qqq utilizando os gráficos ACF e PACF.

2. **Estimativa**: Ajustar o modelo aos dados.

3. **Diagnóstico**: Verificar os resíduos para garantir a adequação do modelo.

4.2 ARIMA sazonal (SARIMA)

- **Modelo**: Amplia o ARIMA para lidar com a sazonalidade, incorporando termos sazonais.

- **Notação**: ARIMA(p,d,q)(P,D,Q)sARIMA(p, d, q)(P, D, Q)_sARIMA(p,d,q)(P,D,Q)s

  - P,D,QP, D, QP,D,Q: Ordens sazonais AR, I e MA.

  - sss: Período sazonal (por exemplo, 12 para dados mensais com sazonalidade anual).

4.3 Suavização exponencial

- **Suavização exponencial simples**: Utilizada para dados sem tendência ou sazonalidade.

  - **Model**: $Y^t+1=\alpha Yt+(1-\alpha)$

    $Y^t\hat{Y}\_{t+1}=\alpha Y\_t+$ $(1-\alpha)$

    $\hat{Y}\_tY^t+1=\alpha Yt+(1-\alpha)Y^t$

  - **Parâmetro**: $\alpha\backslash alpha\alpha$ (fator de suavização entre 0 e 1).

- **Modelo de tendência linear de Holt**: Amplia a suavização exponencial simples para capturar tendências lineares.

  - **Modelo**: Duas equações de alisamento para nível e tendência.

- **Modelo sazonal de Holt-Winters**: Amplia o modelo de Holt para incluir a sazonalidade.

  - **Modelo**: Três equações de alisamento para nível, tendência e sazonalidade.

4.4 Métodos de aprendizagem automática

- **Redes Neuronais Recorrentes (RNN) e Redes de Memória de Curto Prazo Longo (LSTM)**: Capturam dependências em dados sequenciais, adequadas para a previsão de séries temporais complexas.

- **Regressão de vectores de suporte (SVR)**: Aplica máquinas de vectores de suporte a problemas de regressão.

- **Random Forest e Gradient Boosting**: Métodos de conjunto utilizados para a previsão de séries temporais, tratando os dados de séries temporais como um problema de aprendizagem supervisionada.

5. Aplicações da análise e previsão de séries temporais

5.1 Finanças

- **Previsão de preços de acções**: Previsão de preços futuros de acções com base em dados históricos.

- **Gestão de riscos**: Identificação e gestão de riscos financeiros utilizando modelos de séries temporais.

5.2 Economia

- **Indicadores económicos**: Previsão de indicadores como o PIB, taxas de inflação e taxas de desemprego.

- **Previsão da procura**: Previsão da procura de produtos para informar a gestão de stocks e o planeamento da produção.

5.3 Previsão do tempo

- **Temperatura e Precipitação**: Previsão das condições meteorológicas futuras com base em dados passados.

- **Modelação climática**: Compreender e prever os padrões climáticos a longo prazo.

5.4 Cuidados de saúde

- **Monitorização de doentes**: Analisar os sinais vitais do paciente ao longo do tempo para prever e prevenir eventos adversos.

- **Previsão de surtos de doenças**: Prever a propagação de doenças para informar as intervenções de saúde pública.

5.5 Produção e cadeia de abastecimento

- **Planeamento da produção**: Previsão das necessidades de produção para otimizar process

os de fabrico.

- **Gestão da cadeia de abastecimento**: Prever a procura e gerir o inventário para reduzir os custos e melhorar a eficiência.

6. Passos práticos na análise e previsão de séries temporais

6.1 Preparação de dados

- **Recolha de dados**: Recolha de dados de séries cronológicas relevantes de várias fontes.

- **Limpeza de dados**: Tratamento de valores em falta, valores anómalos e ruído.

- **Transformação**: Aplicação de transformações (por exemplo, diferenciação, transformação de logaritmos) para estabilizar a variância e alcançar a estacionariedade.

6.2 Seleção e ajuste de modelos

- **Identificação de modelos**: Utilizar os gráficos ACF e PACF para identificar modelos adequados.

- **Estimativa de parâmetros**: Ajustar o modelo aos dados e estimar os parâmetros.

- **Validação de modelos**: Avaliar o desempenho do modelo utilizando técnicas como a validação cruzada e os testes fora da amostra.

6.3 Diagnóstico e avaliação de modelos

- **Análise de resíduos**: Verificação de padrões nos resíduos para garantir a adequação do modelo.

- **Métricas de desempenho**: Utilizar métricas como o erro absoluto médio (MAE), o erro quadrático médio (MSE) e a raiz do erro quadrático médio (RMSE) para avaliar a exatidão do modelo.

6.4 Previsão e implantação

- **Geração de previsões**: Utilizar o modelo ajustado para efetuar previsões futuras.

- **Implementação do modelo**: Implementação do modelo em sistemas de produção para previsão em tempo real.

- **Monitorização e atualização**: Monitorizar continuamente o desempenho do modelo e actualizá-lo com novos dados, conforme necessário.

A análise e a previsão de séries cronológicas são técnicas essenciais para compreender os dados temporais e efetuar previsões informadas. Ao dominar os vários métodos, incluindo ARIMA, suavização exponencial e abordagens de aprendizagem automática, os analistas podem enfrentar desafios de previsão complexos em diversas aplicações. A prática contínua, juntamente com a atualização dos últimos avanços, é crucial para alcançar a proficiência na análise e previsão de séries temporais.

Conclusão

Em conclusão, The Art and Science of Data Analysis fornece uma exploração abrangente dos princípios, métodos e aplicações vitais que constituem a espinha dorsal de uma análise de dados eficaz. Desde garantir a qualidade e a integridade dos dados até dominar a análise exploratória de dados, os fundamentos estatísticos, as técnicas avançadas e as aplicações práticas, este livro equipou os leitores com as ferramentas e os conhecimentos necessários para tomar decisões baseadas em dados. A importância da aprendizagem contínua, das considerações éticas e da colaboração interdisciplinar não pode ser exagerada à medida que avançamos num mundo cada vez mais centrado nos dados. Ao adotar estes conceitos, os analistas podem desbloquear o poder transformador dos dados, impulsionando a inovação e a tomada de decisões informadas em vários domínios. A jornada para dominar a análise de dados é contínua e, com dedicação e curiosidade, as possibilidades são ilimitadas.

Referências

Aziz, F. (2023). Impactos da análise de dados no campo da contabilidade.

Huerta, E., & Jensen, S. (2017). Uma perspetiva de sistemas de informação contábil sobre análise de dados e Big Data. Revista de sistemas de informação, 31(3), 101-114.

Appelbaum, D., Kogan, A., Vasarhelyi, M., & Yan, Z. (2017). Impacto da análise de negócios e sistemas empresariais na contabilidade gerencial. Revista Internacional de

Sistemas de Informação Contabilística, 25, 29-44.

Aziz, F. (2023). Para além do livro de registos: Melhorando a sustentabilidade global por meio de estruturas de contabilidade orientadas por dados. Farooq Aziz.

Earley, C. E. (2015). Análise de dados em auditoria: Opportunities and challenges. Business Horizons, 58(5), 493-500.

Kend, M., & Nguyen, L. A. (2020). Big data analytics e outras tecnologias emergentes: o impacto na profissão australiana de auditoria e garantia. Australian Accounting Review, 30(4), 269-282

Printed by Books on Demand GmbH, Norderstedt / Germany